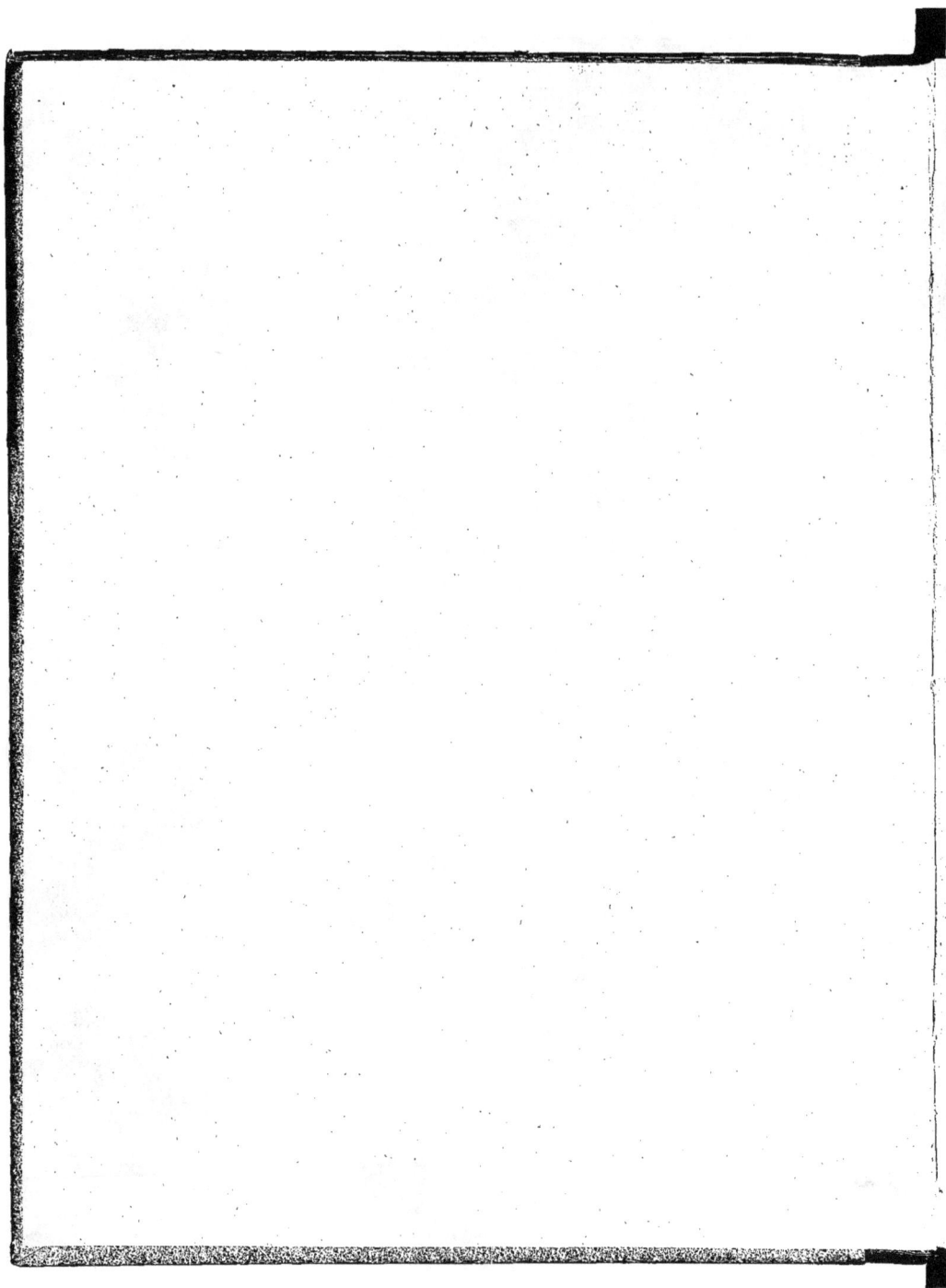

V

SUR LES PERTURBATIONS

DU

MOUVEMENT DES PLANÈTES.

THÈSE D'ASTRONOMIE

Soutenue publiquement devant la Faculté des Sciences de Montpellier,
le   Août 1840,

PAR THÉODORE D'ESTOCQUOIS,

Ancien Élève de l'École Polytechnique, chargé de la chaire de Mathématiques spéciales
au Collège royal de Rodez.

NÉ A NEUFCHATEAU, DÉPARTEMENT DES VOSGES, LE 8 MAI 1817.

BIBLIOTHÈQUE ROYALE

1

PARIS,

IMPRIMERIE DE BACHELIER,

RUE DU JARDINET, 12.

1840.

PROFESSEURS

De la Faculté des Sciences de Montpellier.

—

A M. de Caumont,

Recteur de l'Académie de Nancy.

Témoignage de Reconnaissance, de Respect
et d'Affection,

Th. d'Estocquois.

THÈSE D'ASTRONOMIE.

SUR LES PERTURBATIONS

DU

MOUVEMENT DES PLANÈTES.

Je me propose d'exposer la théorie du mouvement elliptique des planètes, et de montrer ensuite comment on peut, en faisant usage de la méthode de variation des constantes arbitraires, calculer les perturbations dues à l'action réciproque de ces corps célestes.

Lorsque l'observation eut appris aux astronomes que les planètes décrivent autour du Soleil, non des ellipses, mais des courbes très irrégulières dont le caractère le plus saillant est de différer très peu d'une ellipse, le moyen le plus simple de représenter leur mouvement, en tenant compte des nouvelles observations, fut de considérer leur orbite comme une ellipse qui change très lentement de forme et de position; en d'autres termes, de supposer variables les grands axes des orbites, les excentricités et les autres éléments que Képler avait considérés comme constants.

Lorsque Newton eut démontré la loi de la gravitation universelle, il reconnut que les planètes suivraient exactement les deux premières lois de Képler, si elles n'agissaient pas les unes sur les autres. Leurs masses étant très petites par rapport à celle du Soleil, les mouvements diffèrent peu de ceux qui auraient lieu sous l'action de cet astre, si elle était seule. Le mouvement de chaque planète peut être représenté par des équations différentielles du second ordre. Si d'abord on néglige dans ces équations les termes dus à l'attraction des planètes pour ne conserver que ceux qui se rapportent à l'attraction du Soleil, l'intégration conduit à des équations en quantités finies, qui déterminent la position de la planète à un instant donné, la forme de son orbite, etc. Pour tenir compte de l'action des planètes, la méthode qu'avaient suivie les observateurs se présente d'elle-même; il faut faire varier les quantités d'abord considérées comme constantes. Cette méthode peut au reste être employée pour d'autres équations différentielles que celles du mouvement des planètes.

Je considérerai les planètes comme composées de couches sphériques homogènes. On sait qu'alors l'attraction est la même que si toute la masse était réunie au centre de gravité.

Soient, M la masse du Soleil, m, m', m'',.. celles de plusieurs planètes, x_1, y_1, z_1, les coordonnées du centre de gravité du Soleil rapportées à des axes fixes. Concevons par le centre de gravité du Soleil des axes qui se meuvent avec lui, en restant constamment parallèles aux axes fixes. Soient x, y, z, x', y', z', ... les coordonnées des planètes m, m',... par rapport aux axes mobiles; $x + x_1$, $y + y_1$, $z + z_1$, $x' + x_1$,..... seront les coordonnées des mêmes planètes par rapport aux axes fixes. Si l'on représente par F la force qui tend à rapprocher deux points matériels placés à l'unité de distance, et dont la masse serait égale à l'unité, et si l'on pose

$$r = \sqrt{x^2 + y^2 + z^2}, \quad r' = \sqrt{x'^2 + y'^2 + z'^2} \ldots,$$
$$\delta' = \sqrt{(x-x')^2 + (y-y')^2 + (z-z')^2},$$
$$\delta'' = \sqrt{(x-x'')^2 + (y-y'')^2 + (z-z'')^2},$$

on aura pour le mouvement de la planète m

$$\frac{d^2(x+x_1)}{dt^2} = -F\frac{Mx}{r^3} - F\frac{m'(x-x')}{\delta'^3} - F\frac{m''(x-x'')}{\delta''^3} - \ldots$$
$$\frac{d^2(y+y_1)}{dt^2} = -F\frac{My}{r^3} - F\frac{m'(y-y')}{\delta'^3} - F\frac{m''(y-y'')}{\delta''^3} - \ldots$$
$$\frac{d^2(z+z_1)}{dt^2} = -F\frac{Mz}{r^3} - F\frac{m'(z-z')}{\delta'^3} - F\frac{m''(z-z'')}{\delta''^3} - \ldots$$

x_1, y_1, z_1, étant les coordonnées du centre de gravité du Soleil, on a pour le mouvement de cet astre

$$\frac{d^2x_1}{dt^2} = F\frac{mx}{r^3} + F\frac{m'x'}{r'^3} + \dots,$$

$$\frac{d^2y_1}{dt^2} = F\frac{my}{r^3} + F\frac{m'y'}{r'^3} + \dots,$$

$$\frac{d^2z_1}{dt^2} = F\frac{mz}{r^3} + F\frac{m'z'}{r'^3} + \dots$$

Retranchant membre à membre, il vient

$$\frac{d^2x}{dt^2} = -F\frac{M+m}{r^3}x - F\frac{m'(x-x')}{\delta'^3} + F\frac{m''(x-x'')}{\delta''^3} \dots$$
$$- F\frac{m'x'}{r'^3} - F\frac{m''x''}{r''^3} \dots,$$

$$\frac{d^2y}{dt^2} = -F\frac{M+m}{r^3}y - F\frac{m'(y-y')}{\delta'^3} - F\frac{m''(y-y'')}{\delta''^3} \dots$$
$$- F\frac{m'y'}{r'^3} - F\frac{m''y''}{r''^3} \dots,$$

$$\frac{d^2z}{dt^2} = -F\frac{M+m}{r^3}z - F\frac{m'(z-z')}{\delta'^3} - F\frac{m''(z-z'')}{r''^3} \dots,$$
$$- F\frac{m'z'}{r'^3} - F\frac{m''z''}{r''^3} \dots$$

Ces équations feront connaître le mouvement de la planète autour du Soleil. C'est sur ce mouvement relatif, et non sur le mouvement absolu, que portent nécessairement les observations. Aussi est-ce seulement de ces dernières équations que je vais m'occuper; il est utile de mettre d'abord les expressions qu'elles renferment sous une forme qui rend les équations plus faciles à traiter.

Si l'on pose $F(M + m) = \mu$, et

$$R = -\frac{Fm'}{\delta'} - \frac{Fm''}{\delta''} + \frac{Fm'(xx' + yy' + zz')}{r'^3} + \frac{Fm''(xx'' + yy'' + zz'')}{r''^3} + \dots,$$

les dernières équations pourront s'écrire ainsi

$$\frac{d^2x}{dt^2} + \frac{\mu x}{r^3} + \frac{dR}{dx} = 0,$$

$$\frac{d^2y}{dt^2} + \frac{\mu y}{r^3} + \frac{dR}{dy} = 0,$$

$$\frac{d^2z}{dt^2} + \frac{\mu z}{r^3} + \frac{dR}{dz} = 0.$$

Les quantités m', m'',... facteurs de tous les termes de R, étant très petites par rapport à μ, on peut dans une première approximation négliger les termes $\frac{dR}{dx}$, $\frac{dR}{dy}$, $\frac{dR}{dz}$. Ainsi je vais d'abord chercher les intégrales des équations

$$\left\{ \begin{array}{l} \frac{d^2x}{dt^2} + \frac{\mu x}{r^3} = 0, \\[2mm] \frac{d^2y}{dt^2} + \frac{\mu y}{r^3} = 0, \\[2mm] \frac{d^2z}{dt^2} + \frac{\mu z}{r^3} = 0; \end{array} \right.$$

elles feront connaître le mouvement que prendrait la planète m autour du Soleil, si elle n'était soumise qu'à l'action de cet astre.

Les équations (1) donnent

$$\frac{y\,d^2z - z\,d^2y}{dt^2} = 0,$$

$$\frac{z\,d^2x - x\,d^2z}{dt^2} = 0,$$

$$\frac{x\,d^2y - y\,d^2x}{dt^2} = 0;$$

d'où suit

$$(2) \qquad \left\{ \begin{array}{l} \frac{y\,dz - z\,dy}{dt} = c, \\[2mm] \frac{z\,dx - x\,dz}{dt} = c', \\[2mm] \frac{x\,dy - y\,dx}{dt} = c'', \end{array} \right.$$

Ces trois équations, multipliées respectivement par x, y, z, et ajoutées, donnent

$$cx + c'y + c''z = 0,$$

ce qui apprend que l'orbite de la planète est une courbe plane, dont le plan passe par le centre de gravité du Soleil.

Si l'on ajoute les deux équations

$$d^2y + \frac{\mu y}{r^3}\,dt^2 = 0,$$

$$d^2z + \frac{\mu z}{r^3}\,dt^2 = 0,$$

multipliées respectivement par $(xdy - ydx)$ et $-(zdx - xdz)$, aux deux équations

$$xd^2y - yd^2x = 0,$$
$$zd^2x - xd^2z = 0,$$

multipliées respectivement par dy et $-dz$, il vient

$$(xdy - ydx)d^2y - (zdx - xdz)d^2z + (xd^2y - yd^2x)dy - (zd^2x - xd^2z)dz$$
$$+ \frac{\mu}{r^3}[y(xdy - ydx) - z(zdx - xdz)]dt^2 = 0.$$

En intégrant et se rappelant que $r = \sqrt{x^2 + y^2 + z^2}$, on trouve

$$(xdy - ydx)dy - (zdx - xdz)dz - \frac{\mu x}{r}dt^2 = fdt^2.$$

On obtiendra de même deux autres équations de même forme, de sorte que l'on aura

$$(3) \quad \begin{cases} (xdy - ydx)dy - (zdx - xdz)dz - \dfrac{\mu x}{r}dt^2 = fdt^2, \\[2mm] (ydz - zdy)dz - (xdy - ydx)dx - \dfrac{\mu y}{r}dt^2 = f'dt^2, \\[2mm] (zdx - xdz)dx - (ydz - zdy)dy - \dfrac{\mu z}{r}dt^2 = f''dt^2, \end{cases}$$

f, f', f'' étant des constantes.

Si l'on ajoute les trois équations (1), multipliées respectivement par dx, dy, dz, on a

$$\frac{dxd^2x + dyd^2y + dzd^2z}{dt^2} + \frac{\mu r dr}{r^3} = 0,$$

en se rappelant que $rdr = xdx + ydy + zdz$, parce que.... $r^2 = x^2 + y^2 + z^2$. On en conclut, en posant $ds^2 = dx^2 + dy^2 + dz^2$,

$$\frac{ds^2}{dt^2} - \frac{2\mu}{r} + \frac{\mu}{a} = 0,$$

a étant une constante.

2.

Les équations (3) peuvent s'écrire sous la forme

$$c'' \frac{dy}{dt} - c' \frac{dz}{dt} - \frac{\mu x}{r} = f,$$

$$c \frac{dz}{dt} - c'' \frac{dx}{dt} - \frac{\mu y}{r} = f',$$

$$c' \frac{dx}{dt} - c \frac{dy}{dt} - \frac{\mu z}{r} = f'' ;$$

si on les ajoute après les avoir multipliées respectivement par c, c', c'', il vient

$$-\frac{\mu}{r}(cx + c'y + c''z) = fc + f'c' + f''c''.$$

Or, x, y, z, étant les coordonnées d'un point de l'orbite, on a

$$cx + c'y + c''z = 0 ;$$

donc on aura entre les constantes la relation

$$fc + f'c' + f''c'' = 0,$$

et cinq seulement de ces constantes seront arbitraires.

Cette relation existant, on voit que les trois équations (2) et deux des équations (3) étant données, la troisième des équations (3) est une conséquence des équations données.

La première des équations (3) peut être mise sous la forme

$$x(dy^2 + dz^2) - dx(ydy + zdz) - \frac{\mu x}{r} dt^2 = fdt^2.$$

Si au premier membre on ajoute et l'on retranche xdx^2, on trouve

$$xds^2 - dx\, rdr - \frac{\mu x}{r} dt^2 = fdt^2 ;$$

élevant au carré les deux membres, on a

$$x^2ds^4 - 2xdx\, rdr\, ds^2 + dx^2 r^2 dr^2 - \frac{2\mu x^2}{r} ds^2 dt^2 + \frac{2\mu xdx}{r} rdr\, dt^2$$
$$+ \frac{\mu^2 x^2}{r^2} dt^4 = f^2 dt^4.$$

Si l'on opère de même sur chacune des équations (3), et qu'ensuite on les ajoute, on a

$$r^2 ds^4 - 2r^2 dr^2 ds^2 + r^2 dr^2 ds^2 - \frac{2r^2 \mu}{r} ds^2 dt^2 + \frac{2\mu r^2 dr^2}{r} dt^2$$
$$+ \mu^2 dt^4 = (f^2 + f'^2 + f''^2) dt^4 ;$$

en réduisant et posant $f^2 + f'^2 + f''^2 = l^2$,

$$r^2\left[ds^4 - dr^2 ds^2 - \frac{2\mu}{r}(ds^2 dt^2 - dr^2 dt^2)\right] = (l^2 - \mu^2)dt^4,$$

ou

$$(4) \qquad r^2\left(\frac{ds^2}{dt^2} - \frac{dr^2}{dt^2}\right)\left(\frac{ds^2}{dt^2} - \frac{2\mu}{r}\right) = l^2 - \mu^2.$$

Si l'on élève au carré les valeurs de c, c', c'' prises dans les équations (2), et qu'on les ajoute en faisant $c^2 + c'^2 + c''^2 = h^2$, on aura

$$h^2 dt^2 = x^2(dy^2 + dz^2) + y^2(dx^2 + dz^2) + z^2(dx^2 + dy^2)$$
$$- 2yzdydz - 2xzdxdz - 2xydxdy.$$

Si l'on ajoute et si l'on retranche au second membre

$$x^2 dx^2 + y^2 dy^2 + z^2 dz^2,$$

on aura

$$h^2 = r^2\left(\frac{ds^2}{dt^2} - \frac{dr^2}{dt^2}\right).$$

En divisant membre à membre l'équation (4) par celle-ci, on a

$$\frac{ds^2}{dt^2} - \frac{2\mu}{r} + \frac{\mu^2 - l^2}{h^2} = 0:$$

cette équation est de même forme que l'équation

$$\frac{ds^2}{dt^2} - \frac{2\mu}{r} + \frac{\mu}{a} = 0.$$

Donc cette dernière intégrale est une conséquence des précédentes, et l'on a entre les constantes la nouvelle relation

$$\frac{\mu}{a} = \frac{\mu^2 - l^2}{h^2}.$$

On vient de voir que les sept équations données par l'intégration représentent au plus cinq intégrales distinctes du premier ordre. Ce résultat pouvait être prévu: x, y, z, doivent être liés entre eux et à la variable indépendante t au moyen de trois équations en quantités finies. Si l'on pouvait obtenir six intégrales réellement distinctes du premier ordre, en éliminant entre elles $\frac{dx}{dt}$, $\frac{dy}{dt}$, $\frac{dz}{dt}$, on obtiendrait les trois équations demandées. Mais *t* n'entrant pas dans les équations que nous avons calculées, il était certain *à priori* qu'elles représentaient au plus cinq intégrales distinctes.

Le plan de l'orbite a pour équation

$$cx + c'y + c''z = 0.$$

Soit φ l'angle de ce plan avec le plan des x, y, et soit θ l'angle que fait avec l'axe des x, l'intersection de ce plan et du plan des x, y : cette intersection prend le nom de ligne des nœuds.

On aura

$$\cos \varphi = \frac{c''}{\sqrt{c^2 + c'^2 + c''^2}},$$

$$\sin \varphi = \sqrt{\frac{c^2 + c'^2}{c^2 + c'^2 + c''^2}},$$

$$\tan \varphi = \frac{\sqrt{c^2 + c'^2}}{c},$$

$$\tan \theta = -\frac{c}{c'},$$

$$\cos \theta = \frac{c'}{\sqrt{c^2 + c'^2}},$$

$$\sin \theta = \frac{c}{\sqrt{c^2 + c'^2}}.$$

Pour connaître la forme de la courbe, rapportons-la à des coordonnées polaires, prises dans son plan. Ces coordonnées seront le rayon r et l'angle ω de ce rayon avec la ligne des nœuds.

On aura

$$x = r(\cos \omega \cos \theta + \sin \omega \sin \theta \cos \varphi),$$
$$y = r(\cos \omega \sin \theta - \sin \omega \cos \theta \cos \varphi),$$
$$z = r \sin \omega \sin \varphi.$$

La portion de la ligne des nœuds à partir de laquelle est compté l'angle ω, est celle qui est située par rapport à l'axe des x du côté des y positifs. L'angle ω lui-même se prend positivement du côté des z positifs.

Reprenons l'équation

$$x \frac{ds^2}{dt^2} - r \frac{dx}{dt}\frac{dr}{dt} - \frac{\mu x}{r} = f;$$

en multipliant par x,

$$x^2 \frac{ds^2}{dt^2} - r \frac{x dx}{dt} \frac{dr}{dt} - \frac{\mu x^2}{r} = fx.$$

On a de même

$$y^2 \frac{ds^2}{dt^2} - r \frac{y dy}{dt} \frac{dr}{dt} - \frac{\mu y^2}{r} = f'y,$$

$$z^2 \frac{ds^2}{dt^2} - r \frac{z dz}{dt} \frac{dr}{dt} - \frac{\mu z^2}{r} = f''z;$$

en ajoutant,

$$r^2 \left(\frac{ds^2}{dt^2} - \frac{dr^2}{dt^2} \right) - \mu r = fx + f'y + f''z.$$

Or

$$r^2 \left(\frac{ds^2}{dt^2} - \frac{dr^2}{dt^2} \right) = h^2;$$

donc

$$h^2 - \mu r = fx + f'y + f''z.$$

En substituant pour x, y, z, les formules de transformation posées plus haut, on trouve une relation qui peut être ramenée à la forme

$$\frac{1}{r} = \frac{1 - e\cos(\omega - \iota)}{p};$$

ce qui nous apprend que les planètes doivent décrire des sections coniques dont le Soleil occupe le foyer. L'observation apprend que ce sont des ellipses peu excentriques. Le grand axe, l'excentricité et la position du périhélie peuvent être calculés sans qu'il soit besoin d'effectuer le calcul qui vient d'être indiqué.

Au périhélie, le rayon r est un minimum; on a donc pour ce point

$$r dr = 0 \quad \text{ou} \quad x dx + y dy + z dz = 0.$$

Or les deux premières des équations (3) peuvent se mettre sous la forme

$$x \frac{ds^2}{dt^2} - \frac{dx}{dt} \frac{r dr}{dt} - \frac{\mu x}{r} = f,$$

$$y \frac{ds^2}{dt^2} - \frac{dy}{dt} \frac{r dr}{dt} - \frac{\mu y}{r} = f'.$$

Si l'on représente par X et Y les coordonnées de la projection du périhélie sur le plan xy, on aura, en se rappelant que pour ce point $rdr = 0$,

$$X\left(\frac{ds^2}{dt^2} - \frac{\mu}{r}\right) = f,$$

$$Y\left(\frac{ds^2}{dt^2} - \frac{\mu}{r}\right) = f',$$

$$\frac{X}{Y} = \frac{f'}{f}.$$

Si donc on représente par I l'angle que fait avec l'axe des x la projection de la ligne des apsides sur le plan xy, on aura

$$\tang I = \frac{f'}{f}.$$

Si l'on veut obtenir la longueur de l'axe et l'excentricité, on fera usage de l'équation

$$r^2\left(\frac{ds^2}{dt^2} - \frac{dr^2}{dt^2}\right) = h^2,$$

puisque

$$\frac{ds^2}{dt^2} = \frac{2\mu}{r} - \frac{\mu}{a};$$

on a

$$r^2\left(\frac{2\mu}{r} - \frac{\mu}{a} - \frac{dr^2}{dt^2}\right) = h^2.$$

Or, pour le périhélie et l'aphélie, $\frac{dr}{dt} = 0$; donc pour ces points, on a

$$r^2\left(\frac{2\mu}{r} - \frac{\mu}{a}\right) = h^2,$$

$$r^2 - 2ar + \frac{ah^2}{\mu} = 0,$$

$$r = a \pm \sqrt{a^2 - \frac{ah^2}{\mu}}.$$

La somme des racines, ou $2a$, est le grand axe de la courbe; la demi-différence est l'excentricité. e représentant le rapport de l'excentricité au demi grand axe, nous aurons

$$e = \sqrt{1 - \frac{h^2}{a\mu}}.$$

Pour connaître complétement le mouvement de la planète, il faut, par une nouvelle intégration, obtenir une relation entre r et t. Reprenons l'équation

$$2\mu r - \frac{\mu r^2}{a} - \frac{r^2 dr^2}{dt^2} = h^2;$$

on en tire

$$dt = \frac{r dr}{\sqrt{2\mu r - \frac{\mu r^2}{a} - h^2}};$$

faisons

$$r = a(1 - e\cos u), \quad \text{d'où} \quad dr = ae\sin u \, du;$$

nous aurons

$$\sqrt{2\mu r - \frac{\mu r^2}{a} - h^2} = \sqrt{a\mu(1 - e^2\cos^2 u) - h^2} = \sqrt{a\mu(1 - e^2) + a\mu e^2\sin^2 u - h^2};$$

or

$$h^2 = a\mu(1 - e^2);$$

donc

$$\sqrt{2\mu r - \frac{\mu r^2}{a} - h^2} = e\sin u \sqrt{a\mu},$$

et enfin

$$dt = r \sqrt{\frac{a}{\mu}} \, du,$$

ou

$$dt = \frac{a^{\frac{3}{2}}}{\sqrt{\mu}} (du - e\cos u \, du),$$

$$t + T = \frac{a^{\frac{3}{2}}}{\sqrt{\mu}} (u - e\sin u),$$

T étant une constante arbitraire.

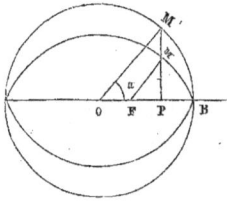

Pour connaître la signification géométrique de l'angle u, soit décrit un cercle sur le grand axe de l'ellipse comme diamètre. Soit M le point de la courbe dont le rayon vecteur est r, x l'abscisse de ce point; soit prolongé MP jusqu'à la rencontre du cercle en M'. On a

$$r = a - ex;$$

or

$$x = \text{OP} = a \cos \text{M'OB},$$

donc

$$r = a(1 - e \cos \text{M'OB}).$$

L'angle M'OB est donc celui qui a été plus haut désigné par u.

On sait que l'on a

$$t + \text{T} = \frac{a^{\frac{3}{2}}}{\sqrt{\mu}}(u - e \sin u).$$

Si l'on suppose le temps t compté à partir d'un passage de la planète à son périhélie, on aura $\text{T} = 0$, et si l'on pose $\dfrac{\sqrt{\mu}}{a^{\frac{3}{2}}} = n$, on a

$$nt = u - e \sin u;$$

nt est le moyen mouvement, u l'anomalie excentrique. L'angle MFB porte le nom d'anomalie vraie. Si l'on désigne cet angle par v, sa valeur est liée au rayon r par l'équation

$$r = \frac{a(1 - e^2)}{1 - e \cos v}.$$

x, y, z pourraient être calculés en fonction de r au moyen des équations

$$x^2 + y^2 + z^2 = r^2,$$
$$cx + c'y + c''z = 0,$$
$$fx + f'y + f''z + \mu r = h^2.$$

Des six arbitraires a, e, I, θ, φ, T, les deux premières dépendent de la nature et de la forme de l'orbite, les trois suivantes de

sa position dans l'espace, et la dernière de la position de la planète à un instant donné.

Nous allons voir maintenant comment on peut tenir compte des
termes $\frac{d\mathrm{R}}{dx}$, $\frac{d\mathrm{R}}{dy}$, $\frac{d\mathrm{R}}{dz}$, qui ont été négligés dans une première approximation.

Représentons pour un moment par

$$x', \qquad y', \qquad z',$$
$$\frac{dx}{dt}, \qquad \frac{dy}{dt}, \qquad \frac{dz}{dt};$$

et soit

$$f(t,\ x,\ y,\ z,\ x',\ y',\ z',\ c,\ c',\ c''\ldots) = 0$$

une intégrale quelconque du premier ordre des équations

$$\frac{d^2x}{dt^2} + \frac{\mu x}{r^3} = 0,$$

$$\frac{d^2y}{d^2} + \frac{\mu y}{r^3} = 0,$$

$$\frac{d^2z}{dt^2} + \frac{\mu z}{r^3} = 0.$$

Si l'on différentie par rapport à t cette intégrale du premier ordre,
on aura une équation

$$\frac{af}{dt}\,dt + \frac{df}{dx}\,dx + \frac{df}{dy}\,dy + \frac{df}{dz}\,dz + \frac{df}{dx'}\,dx' + \frac{df}{dy'}\,dy' + \frac{df}{dz'}\,dz' = 0,$$

dont le premier membre devra être identiquement nul si l'on
remplace

$$dx', \qquad dy', \qquad dz'$$

par leurs valeurs

$$-\frac{\mu x}{r^3}\,dt, \quad -\frac{\mu y}{r^3}\,dt, \quad -\frac{\mu z}{r^3}\,dt.$$

Considérons maintenant les équations

$$\frac{d^2x}{dt^2} + \frac{\mu x}{r^3} + \frac{d\mathrm{R}}{dx} = 0,$$

$$\frac{d^2y}{dt^2} + \frac{\mu y}{r^3} + \frac{d\mathrm{R}}{dy} = 0,$$

$$\frac{d^2z}{dt^2} + \frac{\mu z}{r^3} + \frac{d\mathrm{R}}{dz} = 0.$$

3

Concevons que $c, c', c'', \ldots$ au lieu d'être des constantes, soient des fonctions de t, et essayons de les déterminer de telle sorte que

$$f(t, x, y, z, x', y', z', c, c', c'' \ldots) = 0$$

soit une intégrale des dernières équations. Différentions cette équation en faisant varier $c, c', c'' \ldots$, il vient

$$\frac{df}{dt}\,dt + \frac{df}{dx}\,dx + \frac{df}{dy}\,dy + \frac{df}{dz}\,dz + \frac{df}{dx'}\,dx' + \frac{df}{dy'}\,dy' + \frac{df}{dz'}\,dz'$$
$$+ \frac{df}{dc}\,dc + \frac{df}{dc'}\,dc' + \frac{df}{dc''}\,dc'' \ldots = 0.$$

Si la condition demandée est remplie, cette équation devra être satisfaite en y remplaçant

$$dx', \qquad\qquad dy', \qquad\qquad dz',$$

par

$$-\frac{\mu x}{r^3}\,dt - \frac{dR}{dx}\,dt, \quad -\frac{\mu y}{r^3}\,dt - \frac{dR}{dy}\,dt, \quad -\frac{\mu z}{r^3}\,dt - \frac{dR}{dz}\,dt;$$

donc on aura

$$\frac{df}{dt}\,dt + \frac{df}{dx}\,dx + \frac{df}{dy}\,dy + \frac{df}{dz}\,dz - \frac{df}{dx'}\frac{\mu x}{r^3}\,dt - \frac{df}{dy'}\frac{\mu y}{r^3}\,dt - \frac{df}{dz'}\frac{\mu z}{r^3}\,dt$$
$$- \frac{df}{dx'}\frac{dR}{dx}\,dt - \frac{df}{dy'}\frac{dR}{dy}\,dt - \frac{df}{dz'}\frac{dR}{dz}\,dt + \frac{df}{dc}\,dc + \frac{df}{dc'}\,dc' + \frac{df}{dc''}\,dc'' \ldots = 0.$$

Nous savons qu'on a identiquement

$$\frac{df}{dt}\,dt + \frac{df}{dx}\,dx + \frac{df}{dy}\,dy + \frac{df}{dz}\,dz - \frac{df}{dx'}\frac{\mu x}{r^3}\,dt - \frac{df}{dy'}\frac{\mu y}{r^3}\,dt - \frac{df}{dz'}\frac{\mu z}{r^2} = 0.$$

Donc la condition demandée sera remplie, si $c, c', c'' \ldots$ satisfont à l'équation

$$\frac{df}{dc}\,dc + \frac{df}{dc'}\,dc' + \frac{df}{dc''}\,dc'' + \ldots - \frac{df}{dx'}\frac{dR}{dx}\,dt - \frac{df}{dy'}\frac{dR}{dy}\,dt - \frac{df}{dz'}\frac{dR}{dz}\,dt = 0.$$

Si donc on différentie les intégrales trouvées en ne faisant varier que les quantités $c, c', c'' \ldots$ et dx, dy, dz, puis qu'on remplace les différentielles de celles-ci par les quantités $- \frac{dR}{dx} dt^2$, $- \frac{dR}{dy} dt^2$, $- \frac{dR}{dz} dt^2$, négligées d'abord dans l'intégration, on aura les équations qu'il faudra intégrer pour obtenir les valeurs de c, c', c''... en fonction de t.

On sait que nous avons obtenu six intégrales distinctes, en comptant la relation entre r et t, et que ces intégrales contiennent six constantes arbitraires. Si on les différentie, ainsi qu'il vient d'être dit, on aura six équations entre les six constantes qui sont devenues des fonctions de t, et la question sera ramenée à l'intégration de ces équations.

Ce qui vient d'être dit ne suppose en aucune manière que $\frac{dR}{dx}$, $\frac{dR}{dy}$, $\frac{dR}{dz}$ soient très petits par rapport à $\frac{\mu x}{r^3}$, $\frac{\mu y}{r^3}$, $\frac{\mu z}{r^3}$; et cependant le succès de la méthode tient à cette condition : car si elle n'était pas remplie, l'intégration des équations en dc, dc'... présenterait autant de difficultés que l'intégration immédiate des équations proposées.

Les intégrales qui ont été trouvées sont sous une forme très commode pour donner les valeurs de dc, dc', dc'', df, df'.... Si en effet on leur applique le procédé indiqué, il vient,

$$\frac{dc}{dt} = z \frac{dR}{dy} - y \frac{dR}{dz},$$

$$\frac{dc'}{dt} = x \frac{dR}{dz} - z \frac{dR}{dx},$$

$$\frac{dc''}{dt} = y \frac{dR}{dx} - x \frac{dR}{dy},$$

$$df = (zdx - xdz) \frac{dR}{dz} - (xdy - ydx) \frac{dR}{dy}$$
$$- \left(x \frac{dR}{dz} - z \frac{dR}{dx} \right) dz + \left(y \frac{dR}{dx} - x \frac{dR}{dy} \right) dy,$$

$$df' = (xdy - ydx) \frac{dR}{dx} - (ydz - zdy) \frac{dR}{dz}$$
$$- \left(y \frac{dR}{dx} - x \frac{dR}{dy} \right) dx + \left(z \frac{dR}{dy} - y \frac{dR}{dn} \right) dz,$$

3..

$$df'' = (ydz - zdy)\frac{dR}{dy} - (zdx - xdz)\frac{dR}{dx}$$

$$- \left(z\frac{dR}{dy} - y\frac{dR}{dz}\right)dy + \left(x\frac{dR}{dz} - z\frac{dR}{dx}\right)dx,$$

$$d.\frac{\mu}{a} = 2\left(\frac{dR}{dx}dx + \frac{dR}{dy}dy + \frac{dR}{dz}dz\right),$$

ou

$$d.\frac{\mu}{a} = 2dR,$$

dR étant pris en faisant varier t dans x, y, z seulement;

$$d.ndt = \sqrt{\mu}\, d.\left(\frac{1}{a}\right)^{\frac{3}{2}} dt = \frac{3an}{\mu}dRdt.$$

Les quantités c, c', c'', f, f', f'', a ne cessent pas d'être liées par les équations

$$fc + f'c' + f''c'' = 0,$$

$$\frac{\mu}{a} + \frac{f^2 + f'^2 + f''^2 - \mu^2}{c^2 + c'^2 + c''^2} = 0.$$

Si l'on parvient à intégrer les équations qui viennent d'être données, on sait qu'au moyen des quantités c, c', c'', f, f', f'', on
connaîtra la forme de l'orbite et sa position dans l'espace, que
nous devons maintenant considérer comme variables.

c, c', c'',... variant très lentement, on les considérera comme
constantes dans les seconds membres de toutes les équations à
intégrer. Pour effectuer ces intégrations on développe les seconds
membres des équations précédentes en séries de sinus et cosinus des
multiples de nt. Les séries peuvent ensuite être intégrées facile-
ment par rapport à t. Je me propose d'appliquer ici ce procédé
au calcul des variations du grand axe et du moyen mouvement.

On sait que ω étant une variable, et $f(\omega)$ une fonction quelconque de cette variable, assujétie seulement à la condition de ne
pas devenir infinie de $\omega = -\pi$ à $\omega = +\pi$, on peut poser

$$f(\omega) = A_0 + A_1\cos\omega + A_2\cos 2\omega + \cdots$$
$$+ B_1\sin\omega + B_2\sin 2\omega + \cdots$$

Les coefficients A_0, A_1, A_2,... B_1, B_2.... se calculent au moyen d'intégrales définies, et cette série donne les valeurs de la fonction répondant aux valeurs de ω comprises entre $-\pi$ et $+\pi$. Elle peut même, entre ces limites, être intégrée ou différentiée, et l'on obtient ainsi les mêmes résultats qu'en opérant sur la fonction elle-même. Si $f(\omega)$ ne change pas quand ω est augmenté d'un nombre pair de fois le nombre π, dans ce cas, mais dans ce cas seulement, la fonction est représentée par la série posée plus haut pour toutes les valeurs positives de ω.

Si l'on admet la possibilité du développement de $f(\omega)$ en série de sinus et de cosinus des multiples de ω, la détermination des coefficients est facile. Si en effet on multiplie par $\cos i\omega d\omega$, i étant un nombre entier quelconque, les deux membres de l'équation posée plus haut, puis qu'on intègre entre les limites $-\pi$ et $+\pi$, tous les termes du second membre s'évanouissent, à l'exception du terme $A_i \int_{-\pi}^{+\pi} \cos^2 i\omega d\omega$, qui se réduit à πA_i; donc

$$A_i = \frac{1}{\pi} \int_{-\pi}^{+\pi} f\omega \cos i\omega d\omega.$$

On trouve de même

$$B_i = \frac{1}{\pi} \int_{-\pi}^{+\pi} f\omega \sin i\omega d\omega.$$

En multipliant par $d\omega$ seulement, et intégrant entre les mêmes limites, on a

$$A_o = \frac{1}{2\pi} \int_{-\pi}^{+\pi} f\omega d\omega.$$

Par la nature de la fonction R, on voit qu'elle peut être développée en série de sinus et cosinus des multiples de nt, et que cette série représentera la fonction R pour des valeurs positives quelconques de t. Par la forme des coefficients de cette série, et par celle des équations qui font connaître les inégalités du grand axe et du moyen mouvement, on voit que si l'on développe séparément dans R les termes relatifs à l'action de m' sur m, de m'' sur m, etc., on pourra calculer séparément les inégalités que produit dans le mouvement de m chacune des autres planètes, et ces inégalités se superposent sans s'altérer, du moins au degré d'approximation auquel nous nous arrêtons. Après avoir développé suivant les multiples de nt, les termes relatifs à l'action de m' sur m, chaque coefficient sera développé suivant les multiples de $n't$, de sorte qu'on pourra poser

$$\frac{Fm'}{\sqrt{(x-x')^2+(y-y')^2+(z-z')^2}}+\frac{Fm'(xx'+yy'+zz')}{r'^3}$$
$$= m'\Sigma P\cos[(in+i'n')t+k]+m'\Sigma P_1\cos[(in-i'n')t+k_1],$$

P et k étant des constantes, i et i' devant prendre toutes les valeurs entières de o à l'infini, nt et $n't$ étant les moyens mouvements de m et m'.

Reprenons maintenant les équations

$$d.\frac{\mu}{a} = 2dR,$$

$$d.ndt = \frac{3an}{\mu}dRdt,$$

dR devant être pris en faisant varier x, y, z seulement, nous devons, dans la série posée plus haut, faire varier t dans nt et non dans $n't$. On aura ainsi

$$d.\frac{\mu}{a} = -2m'\Sigma Pin\sin[(in\pm i'n')t+k],$$

$$d.ndt = -\frac{3anm'}{\mu}\Sigma Pin\sin[(in\pm i'n')t+k]dt,$$

d'où, en intégrant,

$$\frac{\mu}{a} = 2m'\Sigma P\frac{in}{in\pm i'n'}\cos[(in\pm i'n')t+k],$$

$$\int ndt = \frac{3anm'}{\mu}\Sigma P\frac{in}{(in\pm i'n')^2}\sin[(in\pm i'n')t+k].$$

$\int ndt$ est ce qui, dans le mouvement troublé, répond au moyen mouvement de la planète non troublée.

Le terme indépendant de t du développement de R disparaissant dans dR, on voit que le grand axe et le moyen mouvement n'ont pas d'inégalité séculaire. On sait que cette proposition n'est pas vraie seulement au degré d'approximation auquel on s'arrête ici, mais qu'elle est rigoureusement exacte, en ayant égard aux puissances de degré quelconque des masses perturbatrices.

On voit que les inégalités du grand axe et du moyen mouvement sont en général très petites et ont une période très courte. Il faut excepter le cas où nt et $n't$ sont presque commensurables, de sorte que pour certaines valeurs de i et i', $in - i'n'$ diffère peu de o. Alors, le terme qui répond à ces valeurs de i et i' acquiert une valeur assez grande, et la période de cette inégalité peut embrasser un temps fort long. Les moyens mouvements de Jupiter et de Saturne sont dans ce cas, et de là naît une inégalité très sensible, dont l'explication a été donnée par Laplace.

Vu et approuvé par moi,

Doyen de la Faculté des Sciences,

après examen fait par M. le professeur Lenthéric,

Félix DUNAL.

Montpellier, le 7 juin 1840.

Vu par nous,

Recteur de l'Académie,

GERGONNE.

Montpellier, le 7 juin 1840.

SUR LA

CONVERGENCE DES SÉRIES.

THÈSE D'ANALYSE

Soutenue publiquement devant la Faculté des Sciences de Montpellier,
le   Août 1840,

Par Théodore D'ESTOCQUOIS,

Ancien Élève de l'École Polytechnique, chargé de la chaire de Mathématiques spéciales
au Collège royal de Rodez.

NÉ A NEUFCHATEAU, DÉPARTEMENT DES VOSGES, LE 8 MAI 1817.

PARIS,

IMPRIMERIE DE BACHELIER,

RUE DU JARDINET, 12.

1840

PROFESSEURS

De la Faculté des Sciences de Montpellier.

—

MM.

DUNAL, *Doyen* . . . . Professeur de Botanique.

PROVENÇAL . . . .   —   de Zoologie et d'Anatomie comparée.

MARCEL DE SERRES .   —   de Minéralogie.

GERGONNE . . . .   —   de Physique.

LENTHÉRIC . . . .   —   de Mathématiques transcendantes.

BALARD . . . .   —   de Chimie.

(N.) . . . .   —   d'Astronomie.

THÈSE D'ANALYSE.

SUR LA

CONVERGENCE DES SÉRIES.

—

A toute série indéfinie répond, ainsi qu'il sera prouvé plus loin, une intégrale définie, qui a ou n'a pas, en même temps que la série, une valeur finie et déterminée. Je donnerai d'abord une règle au moyen de laquelle la question de la convergence des intégrales peut être résolue dans beaucoup de cas, et j'exposerai ensuite comment le théorème démontré sur les intégrales devient applicable aux séries.

Admettons d'abord que dans l'intégrale

$$\int_a^b \varphi x \, dx,$$

les limites a et b soient des quantités finies, et que $\varphi(x)$ ait une valeur finie pour $x = a$ et pour les valeurs de x comprises entre a et b, mais une valeur infinie pour $x = b$. Admettons de plus que les dérivées de différents ordres de φx n'ont pas de valeurs infinies pour $x = a$, et pour les valeurs de x comprises entre a et b. Nous verrons que tous les autres cas peuvent se ramener à celui qui vient d'être énoncé.

Pour qu'une intégrale, telle que nous venons de le dire, ait une valeur finie et déterminée, il est nécessaire que l'expression

$$x\varphi(x + b)$$

soit nulle pour $x = 0$.

1

Cette condition étant remplie, l'intégrale proposée sera finie et déterminée si l'expression

$$x \frac{d\phi(x+b)}{dx}$$

n'est pas infinie pour $x = 0$.

x doit être considéré comme s'approchant de 0 par une suite de valeurs négatives si a est plus petit que b, par une suite de valeurs positives si a est plus grand que b.

Pour démontrer ce théorème, je ferai d'abord observer que l'on a identiquement

$$\int_a^b \phi x \, dx = \int_{a-b}^0 \phi(x+b) dx,$$

la limite 0 dans la deuxième intégrale répondant à la limite b dans la première.

Faisons, pour abréger,

$$a - b = 0, \quad \phi(b+x) = \phi,$$

et considérons l'intégrale

$$\int_c^0 \phi \, dx,$$

dans laquelle ϕ devient infini pour $x = 0$.

Si $x\phi$ n'est pas 0 pour $x = 0$, la différentielle ϕdx n'est pas infiniment petite pour $x = 0$, et l'intégrale proposée ne peut pas avoir une valeur finie. Car la fonction ϕ étant continue, son intégrale l'est aussi, et deux valeurs finies d'une fonction continue qui répondent à des valeurs infiniment peu différentes de x, ne peuvent différer que d'une quantité infiniment petite.

La vérité de ce postulatum deviendra plus sensible en considérant l'intégrale proposée comme l'ordonnée d'une courbe. ϕ est alors la tangente trigonométrique de l'inclinaison de la tangente à la courbe. Cette inclinaison variant d'une manière continue, la différence entre deux ordonnées infiniment rapprochées ne peut pas cesser d'être infiniment petite, tant que l'ordonnée elle-même sera finie et déterminée.

Supposons maintenant la première condition remplie; on a, en intégrant par parties,

$$\int dx\varphi = x\varphi - \int x dx \frac{d\varphi}{dx}.$$

Si l'on prend les intégrales entre les limites c et o, et si l'on se rappelle que $x\varphi$ est o pour $x = o$, on aura, en représentant par $\varphi(c)$ le résultat de la substitution de c à la place de x dans φ,

$$\int_c^o dx\varphi = - c\varphi(c) - \int_c^o x dx \frac{d\varphi}{dx}.$$

$c\varphi(c)$ ne pouvant être infini, la première intégrale sera finie et déterminée en même temps que la deuxième. Or la fonction $\frac{d\varphi}{dx}$, et par suite la fonction $x \frac{d\varphi}{dx}$, ne peut avoir que des valeurs finies et déterminées pour $x = c$, et pour les valeurs de x intermédiaires entre c et o. Si donc cette expression n'est pas infinie pour $x = o$, l'intégrale

$$\int_c^o x dx \frac{d\varphi}{dx}$$

est une de celles où la fonction placée sous le signe $\int$ n'a pas de valeurs infinies, et par suite la valeur de cette intégrale est nécessairement finie et déterminée.

M. Cauchy, dans une Note sur les intégrales singulières, insérée au *Bulletin de la Société philomatique*, a déjà énoncé comme une condition nécessaire de la convergence des intégrales, que l'expression $x\varphi(x + b)$ soit nulle pour $x = o$.

Une intégrale entre des limites données peut toujours se partager en plusieurs intégrales ayant des limites intermédiaires entre les siennes. Au moyen de ce procédé, une intégrale définie quelconque peut être remplacée par la somme de plusieurs intégrales, les unes prises entre des limites finies, et qui ne comprennent pas de valeur susceptible de rendre infinie la fonction placée sous le signe $\int$, les autres satisfaisant aux conditions énoncées plus haut; d'autres enfin ayant une limite finie, et une autre infinie. Celles de la première catégorie ont toujours des valeurs finies. Je me suis plus haut occupé avec détail de la deuxième.

Considérons maintenant les intégrales de la forme

$$\int_a^\infty \psi x\, dx.$$

Si l'on fait

$$x = \frac{1}{z},$$

elle devient

$$\int_{\frac{1}{a}}^0 dz\, \frac{\psi\left(\frac{1}{z}\right)}{z^2}.$$

Je suppose qu'entre $\frac{1}{a}$ et 0 il n'existe aucune valeur de z qui rende infinie la fonction

$$\frac{\psi\left(\frac{1}{z}\right)}{z^2},$$

ni ses dérivées; s'il en était autrement, on ferait usage de la décomposition dont j'ai parlé un peu plus haut.

Cette supposition étant admise, on voit que la valeur de l'intégrale ne peut pas être finie si

$$\frac{\psi\left(\frac{1}{z}\right)}{z}$$

n'est pas nul pour $z = 0$, ou, ce qui revient au même, si

$$x\psi x$$

n'est pas nul pour $x = \infty$. Cette condition ne saurait elle-même être remplie, si à partir d'une certaine valeur de x, la fonction $\psi(x)$

ne décroissait pas constamment et indéfiniment, x s'approchant de l'infini.

$\dfrac{\psi\left(\dfrac{1}{z}\right)}{z}$ étant nul pour $z = 0$, l'intégrale a une grande valeur finie si l'expression

$$\frac{\psi'\left(\dfrac{1}{z}\right) + 2z\,\psi\left(\dfrac{1}{z}\right)}{z^3}$$

a une valeur finie pour $z = 0$.

On peut remplacer dans cette expression z par $\dfrac{1}{x}$, et elle devient

$$x^3\psi'(x) + 2x^2\psi(x).$$

L'intégrale a une valeur finie et déterminée, si cette dernière expression a une grandeur finie pour $x = \infty$.

Passons maintenant à la considération des séries. Soit

$$T_0 + T_1 + T_2 + T_3 \ldots + T_n + \cdots + T_\infty,$$

une suite infinie, T_0, T_1,... représentant des termes ou des groupes de termes positifs. Si les termes ne décroissent pas constamment et indéfiniment à partir d'une certaine valeur de n, la série ne saurait être convergente.

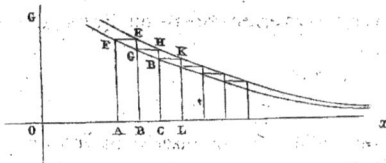

Supposons cette condition remplie, et représentons par les abscisses OA, OB, OC, OL,... les valeurs successives p, $p+1$, $p+2$, $p+3$... de n. Représentons par les ordonnées correspondantes AF, BG, CR... les valeurs T_p, T_{p+1}, T_{p+2}.... Achevons les rectangles ABEF, BCHG, CLKR... L'ensemble des aires de ces rectangles, à partir de AF, représente la somme

$$T_p + T_{p+1} + T_{p+2} + \ldots + T_\infty.$$

Faisons maintenant passer par tous les points F, G, R,... une courbe dont les ordonnées aillent sans cesse en décroissant à partir de AF; faisons ensuite avancer cette courbe parallèlement à l'axe des x, d'une longueur égale à l'unité linéaire : elle viendra passer aux points E, H, K,...

Soit

$$y = \psi(x)$$

l'équation de la courbe FGR,... on aura

$$T_p + T_{p+1} + T_{p+2} + \ldots > \int_p^\infty \psi x\, dx,$$

$$T_{p+1} + T_{p+2} + \ldots \ldots < \int_p^\infty \psi x\, dx;$$

donc la somme

$$T_{p+1} + T_{p+2} + T_{p+3} + \ldots$$

est comprise entre les limites

$$\int_p^\infty \psi x\, dx$$

et

$$\int_p^\infty \psi x\, dx - T_p;$$

d'où suit que la série sera convergente ou divergente en même temps que l'intégrale

$$\int_p^\infty \psi x\, dx.$$

Dans une Note de M. Olivier, insérée au *Journal de Mathématiques* de M. Crelle, cette manière de ramener la convergence des séries à celle des intégrales a déjà été exposée.

Dans les cas où la fonction $\psi(x)$ se présente d'elle-même, on essaiera de l'intégrer; si l'on y parvient, la question de la convergence de la série sera immédiatement résolue, et l'on pourra calculer la valeur du reste avec telle approximation que l'on voudra.

Si l'on ne peut intégrer, on appliquera la règle donnée pour reconnaître si la valeur de l'intégrale est finie ou infinie, et pour faire usage des formules, il n'est pas nécessaire de connaître une fonction ψx qui satisfasse aux conditions énoncées.

La courbe FGR ayant pour asymptote l'axe des x, approche de plus en plus d'être droite, à mesure que x augmente. Considérons-la un instant comme rectiligne entre les ordonnées T_n, T_{n+1}, la valeur de la dérivée de son équation devient

$$\frac{T_{n+1} - T_n}{1},$$

expression rigoureusement exacte pour x ou $x = \infty$, et que l'on peut en conséquence substituer à $\psi'x$ dans l'expression

$$x^3\psi'x + 2x^2\psi x.$$

De ce qui précède résulte la règle suivante sur la convergence des séries :

Une série ne peut être convergente si l'expression

$$nT_n$$

n'est pas nulle pour $n = \infty$.

Cette condition étant remplie, la série sera convergente si l'expression

$$n^2\left[nT_{n+1} - (n - 2)T_n\right]$$

n'est pas infinie pour $n = \infty$.

Lorsqu'on a reconnu par cette voie, ou par toute autre, que la série est convergente, on peut faire usage pour évaluer la valeur du reste des expressions

$$\int_p^\infty \psi x\, dx,$$

$$\int_p^\infty \psi x\, dx - T_p,$$

l'une limite supérieure, l'autre limite inférieure du reste, et dont la différence T_p peut devenir plus petite que toute grandeur donnée.

Pour appliquer à de telles intégrales la méthode d'approximation des quadratures, on les transforme en intégrales prises entre des limites finies, et il n'est pas nécessaire, pour appliquer la méthode, d'avoir l'expression générale de $\sqrt{x}$, il suffit d'obtenir un certain nombre de valeurs de cette fonction, ce que l'on peut toujours faire par interpolation.

Je vais appliquer la règle à quelques exemples. Soit

$$e = 1 + \frac{1}{1} + \frac{1}{1.2} + \frac{1}{1.2.3} + \frac{1}{1.2.3.4} + \cdots,$$

dont le terme général est

$$\frac{1}{1.2.3\ldots n}.$$

Il est d'abord visible que nT_n est 0 pour $n = \infty$;

$$n^2 [nT_{n+1} - (n-2)T_n]$$

devient ici

$$n^2 \left(\frac{n}{1.2\ldots n+1} - \frac{n+2}{1.2\ldots n} \right),$$

qui peut se mettre sous la forme

$$\frac{1}{1.2.3\ldots n-2} \cdot \frac{1}{1 - \frac{1}{n^2}} - \frac{1}{1.2\ldots n-3} \cdot \frac{1}{n-1 \cdot n}.$$

Chacun des termes devient 0 pour $n = \infty$.

Prenons encore

$$\frac{1}{1^2} + \frac{1}{2^2} + \frac{1}{3^2} + \cdots,$$

dont le terme général est $\frac{1}{n^2}$; nT_n est ici $\frac{1}{n}$, quantité évidemment nulle quand $n = \infty$.

$$n^2 [nT_{n+1} - (n-2)T_n]$$

devient ici

$$n^2 \left[\frac{n}{(n+1)^2} - \frac{n-2}{n^2} \right],$$

ou bien

$$\frac{n^2 + 2n}{n^2} - n + 2$$

$$= \frac{3n + 2}{n^2 + 2n + 1}$$

$$= \frac{3 + \frac{2}{n}}{n + 2 + \frac{1}{n}},$$

quantité qui se réduit à o pour $n = \infty$.

Vu et approuvé par moi,

DOYEN DE LA FACULTÉ DES SCIENCES,

après examen fait par M. le professeur Lenthéric,

FÉLIX DUNAL.

Montpellier, le 7 juin 1840.

Vu par nous,

RECTEUR DE L'ACADÉMIE,

GERGONNE.

Montpellier, le 8 juin 1840.